自然
那些重要的事

蒋庆利　主编

为儿童量身打造的自然探索百科

吉林出版集团股份有限公司　全国百佳图书出版单位

生命活动

植物王国

动物知多少

自然万物

　　自然是神奇且蕴含力量的，无论在地球的哪个角落，都有形态各异的生物存在。多种多样的植物、各种各样的动物、风雨雷电……也正因为如此，自然界才会如此生机勃勃。

神秘的宇宙

宇宙是浩瀚无边的，世间万物都在宇宙之中。
宇宙中有不断运动的天体系统，还有各种星系。

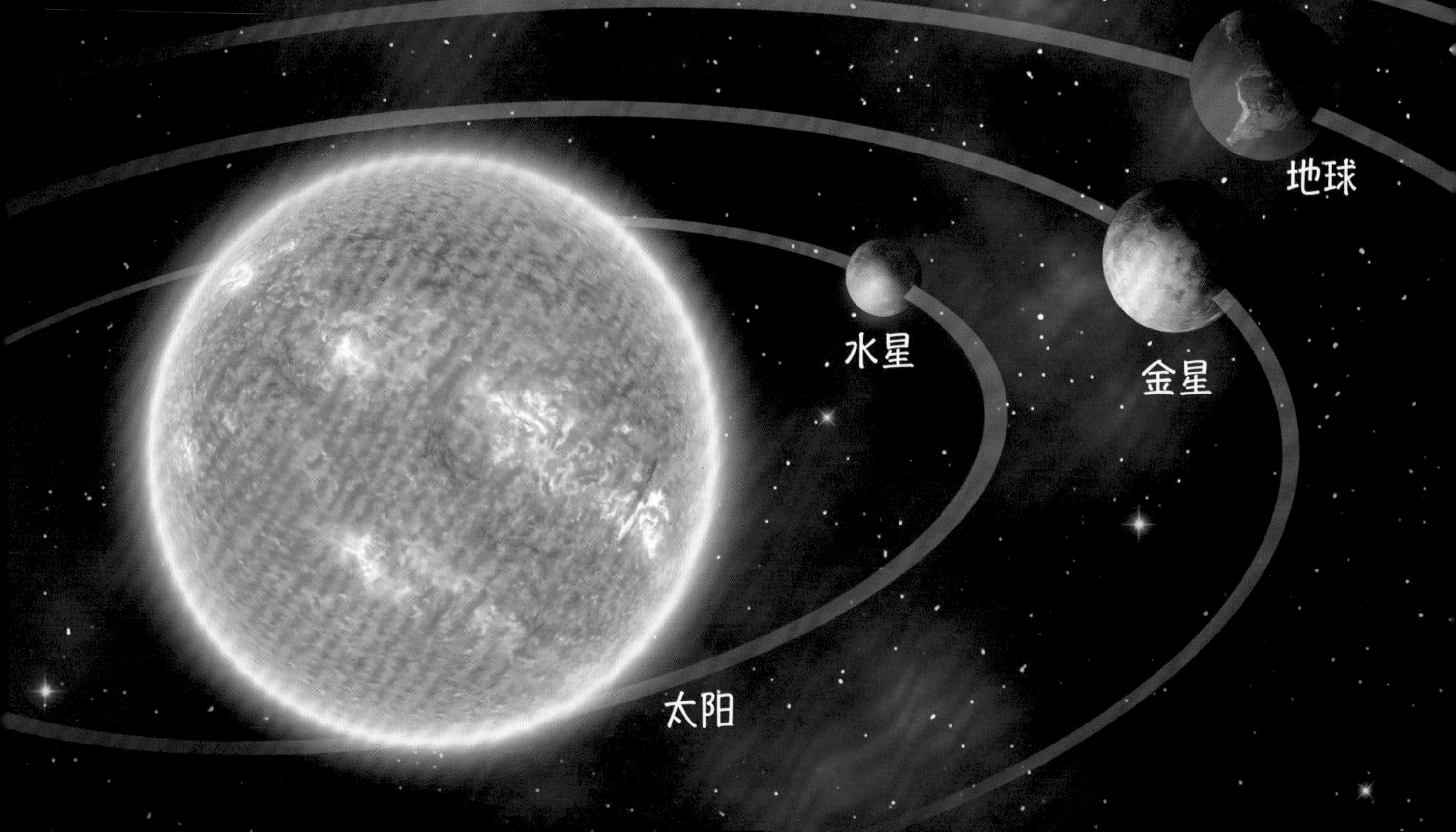

地球

水星

金星

太阳

仙女星系

仙女星系是人类发现的第一个河外星系。

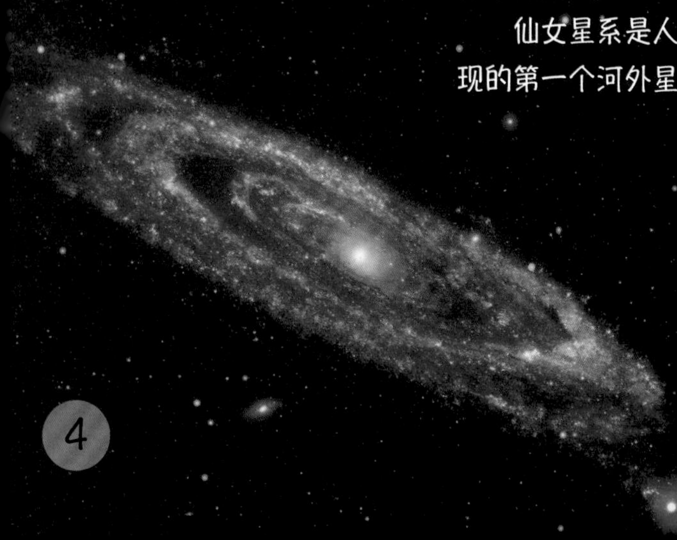

小麦哲伦星云

天王星

海王星

木星

土星

火星

太阳系

太阳系内一共有八颗行星；其中水星、金星、火星、木星和土星这五颗行星是肉眼可见的。

星云

星云是由星际空间的气体和尘埃组成的云雾状天体。

银河系

银河系包含 1000 亿～ 4000 亿颗恒星和大量星团、星云、星际尘埃等，人们在地球上看到的银河系就像一条银白色的环带横跨于夜空中。

我们的地球

地球是我们居住的星球，地球上生活着数百万种生物，至今已经 46 亿岁了。

地球主要由陆地和海洋组成，其中海洋约占地球总面积的 71%。

赤道将地球分成南北两个半球，中国位于北半球。

地球在自西向东自转的同时，也在围绕太阳进行公转。

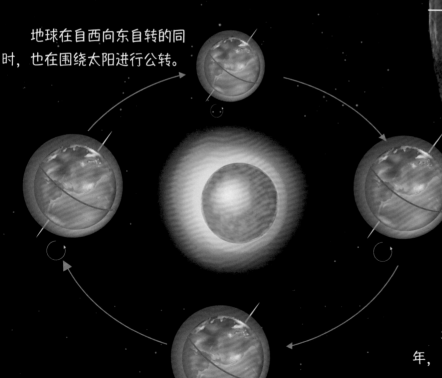

地球绕太阳公转一周的时间是一年，自转一周的时间是 24 小时。

地球是目前已知宇宙中唯一
存在生命的天体。

内地核：内地核是由固态
的矿物质和金属等构成的。

外地核是由熔融态或
接近液态的物质构成的。

下地幔

上地幔

地壳是由岩石组
成的一层固体外壳。

生物进化

物竞天择，适者生存，随着自然环境的变化，地球上的生物也在为了生存而不断进化。

达尔文

查理·罗伯特·达尔文是进化论的奠基人，他出版了《物种起源》一书，提出了生物进化论学说，摧毁了各种神创论和物种不变论。

在生物学中，狗是由灰狼驯化而来的。

人类是从森林古猿一步一步进化而来的。

长颈鹿的祖先也是短脖子的动物，后来它们为了吃到高处的树叶，才慢慢进化为今天这样有着长长脖子的长颈鹿。

为了躲避捕食者，叶尾壁虎逐渐将自己进化得更加善于伪装。它可以模仿枯萎的树叶，还能变换颜色。

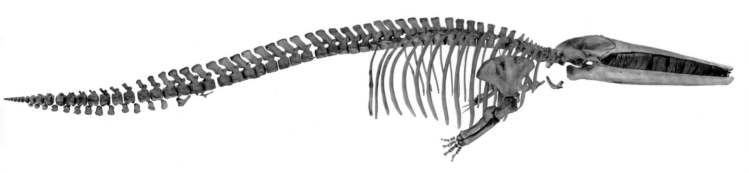

鲸是由有蹄类动物演化而来的，它们的后足慢慢退化消失，长出尾鳍。

史前生物

　　史前生物是指生活在约 38 亿年前到约公元前 3500 年的生物，它们大部分都已经灭绝，只有少数如腔棘鱼、大熊猫等仍然生活在地球上。

邓氏鱼是一种生活在古生代泥盆纪时期的大型食肉硬骨鱼类，是当时海洋中的顶级掠食性动物。

邓氏鱼

剑齿虎

三叶虫是出现于 5.6 亿年前的一种节肢动物。

三叶虫

腔棘鱼的诞生可以追溯到 4 亿年前，一度被认为已经灭绝的腔棘鱼，于 1938 年在非洲海域重新被发现。

腔棘鱼

始祖鸟并不是鸟类的祖先，而是生活在侏罗纪晚期的一种小型恐龙。

始祖鸟

猛犸象

巨蜻蜓

巨蜻蜓出现在 3 亿年前，两翼展开可达到 1 米。

奇虾是目前已知最庞大的寒武纪动物。

奇虾

海蝎体长 1 米至 2 米，是节肢动物中的庞然大物。

海蝎

狄更逊水母

恐龙遗骸

会变化的天气

天气不是一直不变的，它有时晴空万里，有时电闪雷鸣，有时还会下毛毛细雨或者瓢泼大雨……

风

风是跟地面大致平行的空气流动的现象，一般分为 13 个风级。

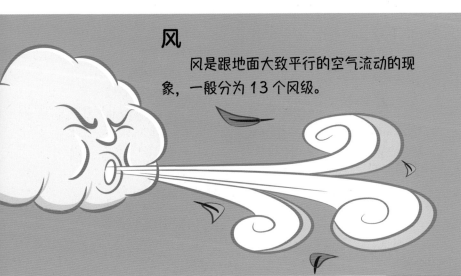

我们还能利用风能发电。

晴天

晴朗的天气适合万物生长。

雷

雷是是云层放电时发出的响声。

雷与闪电是同时发生的，但由于光速比声速快，所以我们总是先看到闪电后听到雷声。

雨

　　陆地和海洋中的水受热上升变成水蒸气，水蒸气遇冷变成小水滴，水滴汇聚成云并在云中不断碰撞变大，然后落下来变成雨。

龙卷风

　　龙卷风是一种极端天气现象，具有极大的破坏性。

龙卷风会摧毁房屋、拔起树木等。

闪电

　　闪电是一种发生在大气中的强烈放电现象。

　　闪电的长度一般为数百米，最长能达到数千米。

雪

　　雪是水的一种固态形式，多为六角形。

白天与黑夜

　　我们一般将日升至日落这段时间称为白天，日落之后的时间称为黑夜，白天与黑夜通常是交替出现的。

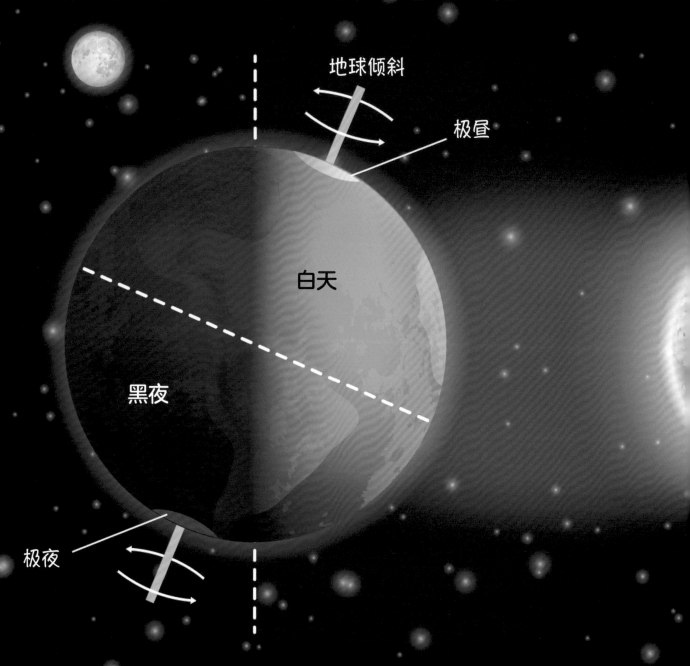

地球倾斜

极昼

白天

黑夜

极夜

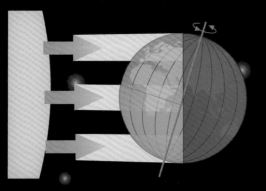

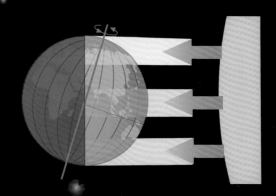

当我们居住的地方朝向太阳时，就是白天。

当我们居住的地方背对太阳时，就是夜晚。

由于地球围绕太阳公转的同时也在自转，所以两极地区会出现极昼、极夜现象。

两极地区极昼、极夜现象交替出现，一年大概连续六个月是白昼，六个月是黑夜。纬度越高，出现极昼、极夜的时间越长。

在两极地区还会出现美丽的极光现象。

夜晚的天空

在晴朗的夜晚观察天空时，我们会看到皎洁的月亮和点点繁星。

月球只反射太阳光，它本身是不发光的。

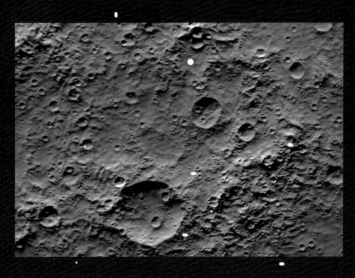

月球的表面不是平滑的，上面布满了小天体撞击形成的坑。

人们把肉眼可见的月球称为月亮。月球是地球的卫星，直径约是地球的1/4。

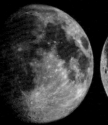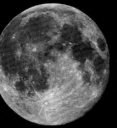

娥眉月　上弦月　　渐盈凸月　　满月　　渐亏凸月　　下弦月　残月

月相的变化

当我们观察月亮时会发现月亮的形状是不一的，这是因为太阳、地球和月球这三者的相对位置是在不断变化的。

流星

彗星

星星指的是肉眼可见的宇宙天体，可大致分为恒星、行星和彗星等。

金星是最亮的行星

哈勃空间望远镜长 13.2 米，重 11110 千克，在地球大气层之上，是位于近地轨道并环绕地球的空间望远镜。

飞向太空

随着科技的发展进步，人类对太空的探索越来越多，我们也慢慢揭开了太空神秘的面纱。

1969年7月，美国的"土星"5号火箭乘载着"阿波罗"11号飞船升入太空，开始人类的首次探月征程。

月球表面留下的人类脚印。

"这是个人的一小步，但却是全人类的一大步。"

宇航员可以在空间站中休息。

太空卫星

航天飞机

航天服可以保护宇航员在太空
中不受辐射、低温等伤害，并且提
供人类生存所需要的氧气。

可怕的大自然

大自然是神秘且值得敬畏的，它给予我们生命和资源，但同时也拥有着强大的破坏力量。

赤潮

赤潮是海洋中浮游生物繁殖过多发生的自然灾害。

地震

地震是地壳板块运动产生的一种自然现象，地球每年发生 500 多万次地震。

地震震级

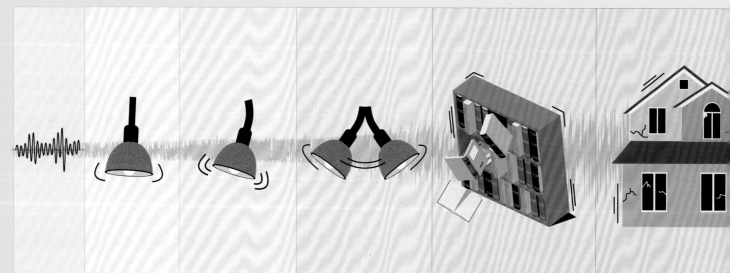

1.0—1.9 级	2.0—2.9 级	3.0—3.9 级	4.0—4.9 级	5.0—5.9 级	6.0—6.9 级
极微小，不能感觉到。		感觉不到，但仪器可以检测到。		窗户嘎嘎作响或破碎。造成轻微损伤。	建筑物裂缝，树枝掉落。

海啸

海啸是由于火山爆发、海底地震以及天气变化产生的破坏性极大的海浪灾害。

风暴潮

当发生强风或暴雨等天气系统异变时，会引起海平面的异常变化，给人类带来严重危害。

泥石流

泥石流是在暴雨等自然灾害的影响下，引发的携带大量泥沙洪流的山体滑坡，破坏力度较强。

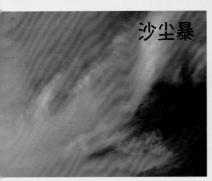

沙尘暴

干旱

7.0—7.9 级	8.0—8.9 级	9.0 或更大级
	建筑物倒塌，山体滑坡。	造成许多人死亡。

四季的变换

一年之中有春夏秋冬四个季节交替出现，每个季节都有独特的风景。

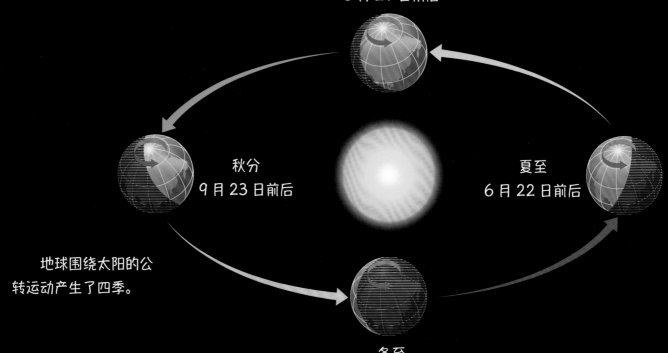

春分
3 月 21 日前后

秋分
9 月 23 日前后

夏至
6 月 22 日前后

地球围绕太阳的公转运动产生了四季。

冬至
12 月 22 日前后

春暖花开，是踏青的好时节。

夏天是多雨的季节。

春

春天是万物生长复苏的季节。春天多雨水，有"春雨贵如油"的说法。

夏

夏天温度较高，太阳光照十分充足，植物和农作物也生长得较快。

秋

秋天是收获的季节，也是一些树木逐渐落叶的季节。

冬

冬天是一年中最冷的季节，太阳的光照时间也比较短。

秋天，风扑面而来，天气也渐渐变凉。

冬天可以堆雪人、打雪仗啦！

七大洲

地球上的陆地被划分成七个部分，它们就是亚洲、欧洲、北美洲、南美洲、非洲、大洋洲和南极洲。

亚洲是面积最大、居住人数最多的大洲。

每个大洲的国家都有十分著名的地标建筑，看看你认识多少吧！

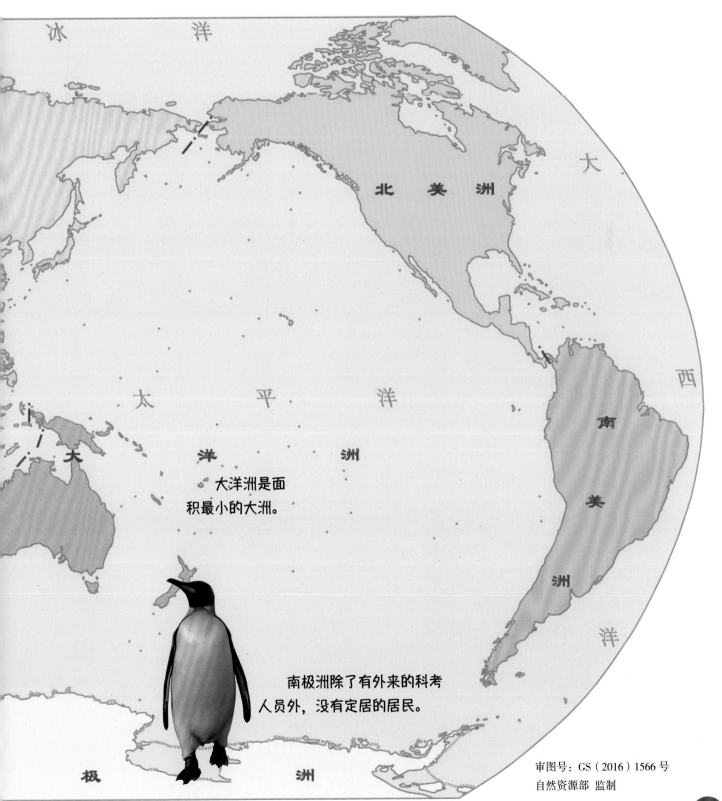

冰　　　　洋

大

西

洋

北　美　洲

太　平　　洋

大

洋　　　洲

大洋洲是面
积最小的大洲。

南

美

洲

南极洲除了有外来的科考
人员外，没有定居的居民。

极　　　　　　洲

审图号：GS（2016）1566号
自然资源部　监制

25

壮观的火山

　　火山也属于山脉，它是由地下的熔融物质以及固体碎屑等物质冲出地表后经过堆积作用等形成的山体。

火山分为活火山、死火山和休眠火山三类。

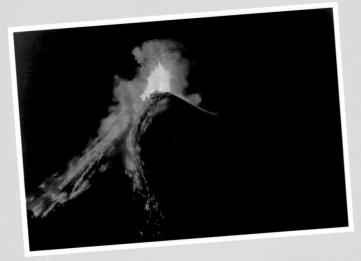

火山喷发会带来大量的岩浆。

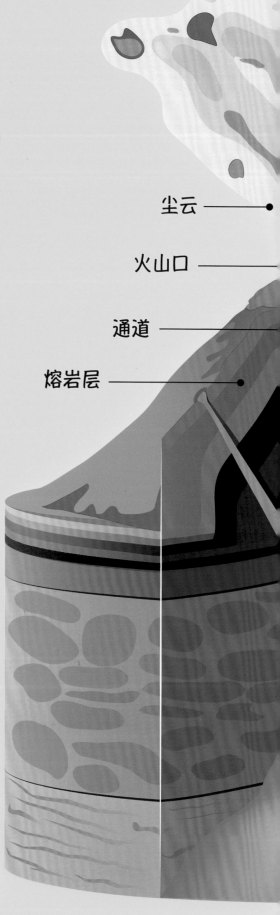

尘云 ————

火山口 ————

通道 ————

熔岩层 ————

富士山

富士山是世界著名火山之一，也是日本的第一高峰。

岩浆流

灰烬层

岩床

你知道吗？

夏威夷岛和冰岛都是由火山喷发形成的岛。

奇妙的水

　　水是生命之源，是地球表面分布最广泛的物质，我们生活的地球也被称为"水球"。

水蒸气不断上升，遇冷凝结在一起，变成小水滴。

太阳照射在海洋和陆地上，将表面的液态水蒸发变成水蒸气。

水不是静止的，而是通过蒸发、降水、流动等方式进行循环运动。

小水滴不断变大变重，直至从云里落下变成雨滴。当气温过低时会变成雪花。

雨雪降落在陆地和海洋上，陆地上的水会通过地表径流和地下径流汇入海洋，开始新一轮的水循环。

水的形态

水有三种比较常见的形态：液态、固态和气态。

液态

液态水是较为常见的，我们平常饮用的水以及江河湖海中的水大都是液态的。

固态

当温度变得过低时，液态水会开始冻结变成冰，成为固态的水。

气态

当水温不断升高，水会变成水蒸气，这时就是气态的水。

水占身体成分的70%左右，我们要多喝水。

食物的来源

粮食作物包括玉米、小麦、水稻、谷子和高粱等，是人们食物的主要来源。

中国在 7000 年前就开始种植水稻。

水稻和米

玉米

玉米是世界上总产量第一的粮食作物。

小麦

我们平常吃的面包、馒头、面条、饼干等食物都是用小麦磨成的面粉制作的。

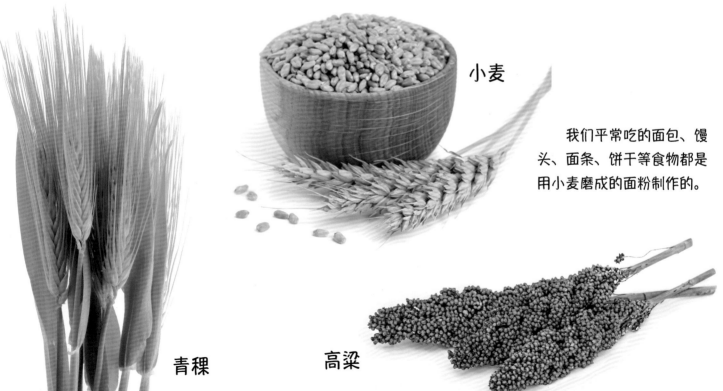

青稞

高粱

蚕豆

豌豆

绿豆

黑豆

毛豆

豆类作物

自然资源

　　自然资源也被称为天然资源，是指在其最原始的状态下就有价值的物质。一般可分为可再生资源、不可再生资源以及取之不竭的资源这三类。

取之不竭的资源

风能

太阳能

潮汐能

不可再生资源

煤

天然气

核能

石油

可再生资源

生物资源

水资源

地球家园

　　地球不仅是人类赖以生存的家园，也是动植物的家园。地球上可供动物栖息的场所有很多，如海洋、草原、森林等。

浩瀚的海洋

地球的表面约有2/3区域都被海水所覆盖着，海洋是浩瀚无垠的。

太平洋是世界上最大最深的海洋。

大西洋是世界第二大洋，其海平面呈S形。

印度洋的深度仅次于太平洋，位于第二。

太平洋　　　　　　　大西洋　　　　　印度洋

海水的颜色

当太阳光照射到海面时，有一部分光被水吸收，一部分光被反射回来。其中被海水吸收最少的蓝光遇到水分子时会四面散开，使我们看到的大海呈现蓝色。

灯塔水母

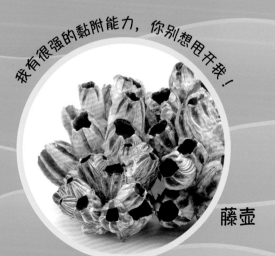

我有很强的黏附能力，你别想甩开我！

藤壶

四大洋

　　世界上一共有太平洋、印度洋、大西洋、北冰洋这四个大洋。

北冰洋位于地球的最北端，是大洋中最小最冷的一个。

北冰洋

海洋生物

太平洋丽龟

锯鳐

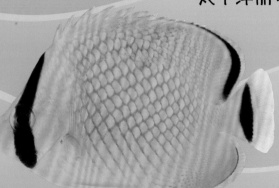

金带蝴蝶鱼

海水的味道

　　海水中含有各种盐类，其中氯化钠占了 90% 左右。所以含盐量较大的海水尝起来是咸咸的。

探秘雨林

雨林是地球上古老的植物群落，不仅是多种植物的生长地，也是许多动物的栖息场所。

金刚鹦鹉

巨嘴鸟

亚马逊鹦鹉

美洲豹

食蚁兽

树懒

蜂鸟

白耳绒

梅花鹿

黑猩猩

雨林中的树木可以吸收二氧化碳并且将其转化为氧气，所以雨林也被称为"地球之肺"。

红眼树蛙

干旱的沙漠

沙漠地区降水较少，空气干燥，能够生活的植物和动物也比较稀少。

塔克拉玛干沙漠是中国面积最大的沙漠，也是世界上面积第二大的流动沙漠。

智利的阿塔卡马沙漠被称为世界的"干极"，年降水量小于 0.1 毫米。

非洲北部的撒哈拉沙漠是世界上面积最大的沙漠。

蜥蜴白天在洞中或沙子中来躲避高温和干旱。

梭梭是生活在沙漠中的
一种独特的灌木。

在沙漠中也会出现独特的景象，
如海市蜃楼、风蚀蘑菇等。

山地

　　山地是指海拔大于 500 米的高地，它的坡度较陡，起伏较大，一般呈脉状分布。

按照山的成因，可将山地分为褶皱山、断块山和褶皱 - 断块山等。

喜马拉雅山是褶皱山。

天山是典型的褶皱 - 断块山。

断块山是地壳因为断块活动隆起而形成的山，泰山就是断块山。

山地动物

在蜿蜒起伏、绵延不绝的山地中，生活着各种各样的动物。

豺

羱羊

豺主要生活在南方有树林的山地和丘陵中，是一种群居性动物。

羱羊主要生活在阿尔卑斯山雪顶上的岩石间。

秃鹰

山羊

土拨鼠

43

草原

　　草原是地球上分布最广的一种植被类型，中国的草原面积占全国土地总面积的40%左右。

草原雕

双峰驼

马鹿

跳羚

角马

我是仅次于非洲鸵鸟的世界第二大鸟类。

金雕

蒙古包是蒙古族牧民所居住的一种房子，比较方便建造和搬迁。

鸸鹋

野牦牛

两极地区

极地地区阳光较少，气温较低，环境比较恶劣，但仍有许多动物在两极地区生活。

帝企鹅

王企鹅

南极地区

南极大陆是唯一没有人类定居的大陆。

南极磷虾

食蟹海豹

巴布亚企鹅

斑嘴环企鹅

南极毛皮海狮

雪鸮

海豹

北极地区

北极熊　北极狐

北极兔　海象

珊瑚礁

　　珊瑚礁生态系统有水下"热带雨林"之称，它和热带雨林一样，为许多动植物提供了生活的场所。

大堡礁

大堡礁是世界上最大的珊瑚礁群。

珊瑚礁中生活着许多生物。

太阳花珊瑚

火珊瑚

你知道吗?

珊瑚礁是由珊瑚虫的骨骼堆积而成的。

海笔与鹅毛长得很像。

海笔

蘑菇珊瑚

蘑菇珊瑚是世界上最大的珊瑚虫。

扇形珊瑚

湿地

　　湿地是自然生态系统之一，具有调节水质、保护生物多样性等功能。

　　红海滩位于辽宁省，全长共 18 千米，有"世界红色海岸线"之称。

50

湿地、森林和海洋是世界三大生态系统，其中湿地被称为"地球之肾"。

西班牙的加塔角湿地。

青脚鹬

黑翅长脚鹬

比尤伊克天鹅

燕鸥

大蓝鹭

"发热"的地球

近年来由于二氧化碳等温室气体的排放量不断增加，导致地球温度越来越高，给人们的生活带来很大的影响。

瓦特纳冰川是欧洲最大的冰川，
现在已经慢慢融化了。

海水温度升高会导致
珊瑚礁白化死亡。

雾霾

阻止变暖

冰层面积的不断减小给两极
地区的动物带来了巨大的影响。

海平面上升会逐渐淹
没附近的村庄。

生命活动

地球上的生命为了生存，会进行一系列的生命活动，这是一种自发开展的活动。

捕猎与进食

　　动物们为了获得食物和能量，会进行捕猎。捕猎是一种有着高要求的生存方式，捕食者要运用多种战术捕捉猎物。

猎豹的时速可以达到100千米，是陆地上跑得最快的动物。

土狼在追赶野鸡。

变色龙可以隐藏在树上，伺机猎捕昆虫。

两只雄性狮子隐匿在草丛中伺机猎捕斑马。

尼罗河鳄正在吞噬黑斑羚。

护士鲨也被称作铰口鲨，一般以吸食的方式猎捕鱼类和甲壳类等动物。

秃鹰从水中抓起一条鱼。

植物中含有养分，虫子可以吃植物叶子获得能量。

非洲树蛇是一种十分凶猛而且毒性很强的动物，它的毒液足以杀死一个成年人。

光合作用和呼吸作用

光合作用是绿色植物通过阳光获得能量的过程，而呼吸作用是所有生物将有机物氧化分解的过程。

	光合作用	呼吸作用
主体	植物	动植物
发生场所	叶绿体	线粒体
发生条件	在光照下	有光、无光皆可
所用原料	二氧化碳、水	有机物、氧气
产物	有机物、氧气	二氧化碳、水

呼吸作用

在陆地上生活的大多数动物和人类一样都是依靠肺部从空气中获得氧气，并呼出二氧化碳。

鱼类是通过鳃部来吸收氧气的。水流进入鱼类嘴中，鱼类口部和鳃部的肌肉将水压至鳃部，水最终从鳃部流出。

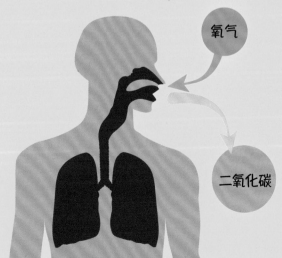

氧气

二氧化碳

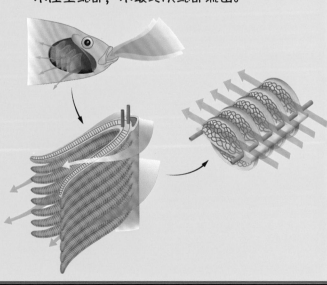

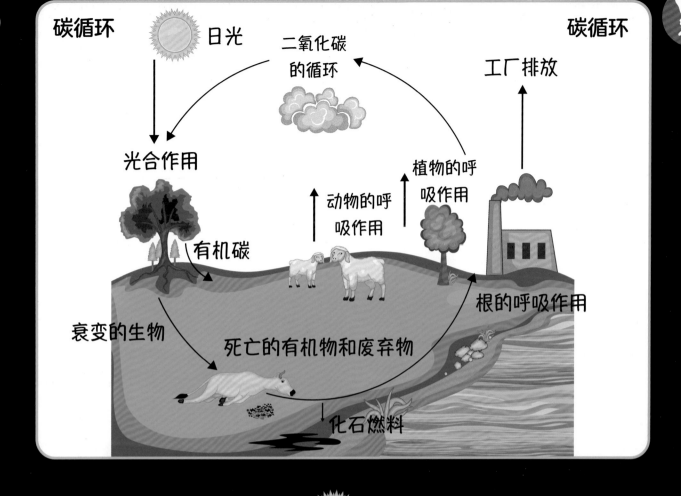

碳循环

日光

二氧化碳
的循环

碳循环

工厂排放

光合作用

有机碳

植物的呼
吸作用

动物的呼
吸作用

衰变的生物

死亡的有机物和废弃物

根的呼吸作用

化石燃料

由于鸟类在天空中飞行，需要消耗
大量的氧气，所以它们一般是双重呼吸。
鸟类除了有肺以外，肺壁上还有气囊，
每次呼吸氧气都要经过肺部进入气囊。

肺

气管

气囊

光合作用

日光

二氧化碳

氧气

叶绿体

水

求偶与繁衍

　　动植物和人类一样，为了长久地生活在地球上，它们也需要繁衍后代。有的动物在寻找伴侣时还要进行一系列的求偶活动，以获得另一半的青睐。

繁衍
风把蒲公英的种子带到远方生长。

细胞分裂

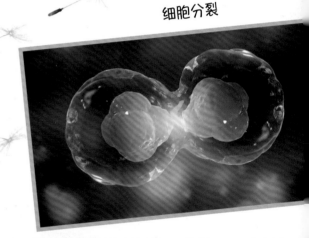

雄性孔雀通过开屏向雌性求爱。

雄性火鸡通过展开羽毛向雌性火鸡求爱。

天鹅在求偶时会以头相靠或者以喙相碰，它们结成伴侣后会终生在一起。

求偶

海星具有很强的再生能力，即使身体断裂，也能从断裂处长成新的海星。

雄性丹顶鹤通过鸣叫来求偶时，雌性会应和对鸣、一起舞蹈。

空中运动

在空中运动的动物主要是鸟类和昆虫，也有少数的哺乳动物可以飞行。

飞行的鸟类

信天翁十分擅长滑翔，它们需要逆风起飞，有时还需要助跑或者在悬崖处起飞。

小军舰鸟是一种大型海鸟，能够长时间不知疲倦地在空中飞行。军舰鸟不仅飞行速度快，还可以迅速地做直线俯冲。

大白鹭飞行时，颈部缩成"S"形，双脚向后伸直。

鸬鹚是中到大型的海鸟，种类丰富，不仅擅长飞行，还非常擅长潜水。

你知道吗?

悬停一般是指航天器停在一定高度保持不动的状态,其实有一些动物也可以悬停,如红隼、蜂鸟和一些昆虫。

飞行的昆虫

七星瓢虫有两层翅膀,外边的一层进化成了硬硬的壳,被称为鞘翅。鞘翅下边有一双又薄又软的翅膀,在飞行中起关键作用。

蜻蜓的翅膀呈膜质网状,飞行能力很强,每秒钟可飞行 10 米。

苍蝇善于飞翔,每小时可飞行 6 ~ 8 千米。

蜜袋鼯也被称为澳洲飞袋鼠,可以在树梢间长距离地飞行。但其实蜜袋鼯的飞行不是真正意义上的飞行,而是滑翔。

飞行的哺乳动物

蝙蝠是唯一会飞的哺乳动物。

陆上运动

在陆地上生活着各种各样的动物，它们的运动形式也各有不同。

跳跃

跳跃是动物利用后肢进行弹跳前进的一种运动方式。

猫

袋鼠

袋鼠是跳得最远也是跳得最高的哺乳动物。

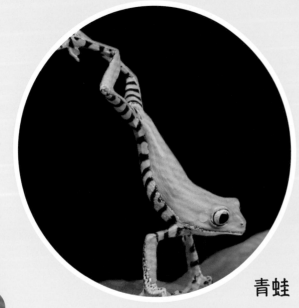

青蛙

跳羚

爬行

蝾螈的爬行速度十分缓慢，会借助摆动尾巴来加快爬行速度。

蝾螈

陆龟

地蟹

蜗牛

直立

除了人类和不会飞的鸟类外，很少有动物可以直立行走。

维氏冕狐猴

狐獴

行走

动物用四肢撑起身体，并做协调运动带动身体前行。

大棕熊

奔跑

马

65

水中运动

水是生命的源泉，地球上最初的生命就是在水中产生的。水里生活着各种各样的动物，如哺乳动物、棘皮动物等等。

旗鱼是短距离内游泳最快的鱼类，速度可达每小时177千米。

海龟的四肢和头部都不能缩回壳中，它的四肢变成了鳍状，有利于划水。

在水中，企鹅小小的翅膀就是它的"划桨"，可以让它在水中快速游行。

蓝鲸是海洋中最大的动物，它的舌头上可以站50个人。蓝鲸的游动速度相对来说有些缓慢，主要是靠摆动尾鳍游动。

飞鱼的胸鳍比较发达，像鸟类的翅膀，而且胸鳍较长，一直延伸到尾部。飞鱼能够跃出水面十几米，在空中停留四十多秒。

章鱼一般用腕爬行，也可以通过头部下方的漏斗喷水快速游行。

弹涂鱼不仅可以生活在水中，还可以用腹鳍抓住树，用胸鳍往上爬，所以也被称为"会爬树的鱼"。

海蛇是一种生活在海里的蛇，通过身体向左、右扭动，借助水的作用力前行。

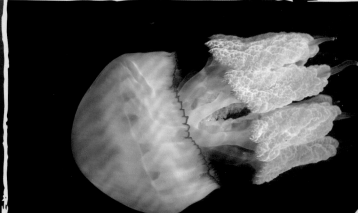

水母体内含水量极高，它是通过收缩自己的外壳来挤出内腔的水前行的。

动物迁徙

许多动物为了过冬或者为了繁衍和寻找食物，会离开原来的栖息地，去往新的地方。

北极燕鸥

我在北极繁衍，但要飞到南极过冬。

大雁

我们会排成"人"字形或"一"字形南飞过冬。

在夏季六月份左右，草原上的草会变得稀少，这时东非草原上的动物会进行集体迁徙，瞪羚就是其中的一种。

虎鲸

大马哈鱼是一种溯回鱼类，在淡水中出生，长到6厘米左右时就会游向大海。等到繁殖产卵时会再次返回原繁殖地产卵，产完卵就会死去。

冬天我们会从高纬度寒冷海域游向低纬度温暖海域。

我国的杜鹃主要是夏候鸟，春夏季飞到一个地区生活，等到秋季再迁去温暖的地区，第二年春天再飞回来。

水蒲苇莺主要生活在欧洲地区，过冬时会飞到非洲。

黑脉金斑蝶生活在热带和温带地区，寒冬到来时会迁徙到温暖的地带。

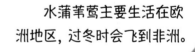

群居生活

有些动物喜欢独自生活，有些动物则喜欢群居生活。群居动物会一起活动和觅食，也可以更好地抵御其他动物的攻击。

角马

东非大羚羊

东非羚羊是世界上最大的动物群。

火烈鸟

斑鬣狗可以集体
猎食斑马等大型动物。

金枪鱼

斑马
　斑马聚在一起可以
更容易抵挡狮子的攻击。

海豚

攻击和防御

为了获得食物，许多动物都有一身过硬的攻击本领。相对的，有些动物也在努力练习防御技巧。

鸡心螺的毒性十分强大，足以将成年人毒死。它主要是通过向猎物放射毒液开展攻击。

电鳐是一种会放电的鱼类，能够电死它周围的其他鱼类。

蓝环章鱼最长仅约 0.2 米，但它的毒性极强，咬一口就可将人毒死。

攻击

眼镜王蛇的攻击性较强，它被称为"蛇类煞星"，可以吃掉蟒蛇等其他蛇类。

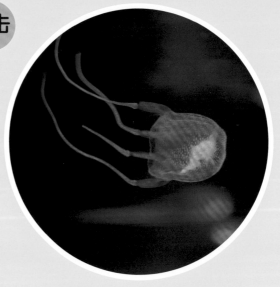

箱水母又被称为海黄蜂，是已知的地球上毒性最强的生物。

杜父鱼擅长在珊瑚
礁中隐藏自己。

刺猬遇到危险时会把
身体缩成一个刺球。

防御

草海龙身上具有
海带状的附属物，这
可以帮助它们伪装成
海藻。

金合欢树的叶子长在
顶端，而且有十分锋利的
刺。如果动物吃它的叶子，
它会释放乙烯，并联合其
他金合欢树一起释放有毒
物质，让动物丧命。

负鼠在遇到敌人时会
躺在地上装死，并且会排
出带有恶臭味的液体。

73

共生与寄生

共生是指两种不同的生物之间形成的一种紧密的关系，寄生是一方为另一方提供居住场所和营养物质。

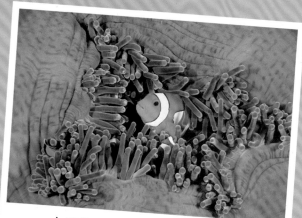

小丑鱼可以保护海葵不被其他鱼类食用，海葵也可以保护小丑鱼的安全。

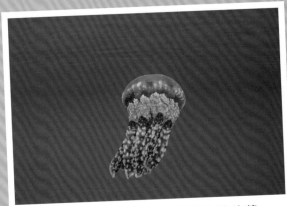

巴布亚硝水母身体中含有共生的黄藻。

共生

植物可以为蝴蝶提供食物，蝴蝶也可为植物传播花粉。

清洁虾可以为鱼类清洁食物残渣和体内的寄生虫，同时它们也以此为食。

昆虫是植物最大的寄生虫，它们有的会吃掉植物的叶子，破坏植物的生长。

山蛭是山林中的"吸血鬼"，它会附着在人畜的身上，或者钻入他们的体内吸血。

寄生

菟丝子是一种寄生草木，它本身没有叶片，不能进行光合作用，要依靠寄主获得营养物质。

人身体中也会有寄生虫，它们会影响人的生长发育，对人的身体造成危害。

自然界中的交流

人类的交流主要通过语言，但自然界中有许多交流不需要通过语言也可以将含义清晰地传达出来。

喜鹊会发出"喳喳喳"的声音进行交流。

年轮可以告诉人们树木的年龄。

北斗星可以帮助人们辨别方向。

蚂蚁会通过触碰触角来传递信息。

蟋蟀通过触碰触角可以知道对方的性别。

迎春花告诉人们春天来了。

蜜蜂会通过舞蹈动作与
同伴进行沟通并传递信息。

落叶告诉人们秋天到了。

食物链和食物网

在地球上生活的众多动植物，为了维持生命活动，彼此之间形成了错综复杂的食物链和食物网。

海豹的食量很大，一只海豹每天大约吃7千克的鱼。

一只企鹅平均每天可以吃掉0.75千克的磷虾。

鹰是肉食性动物，它会捕捉蛇、鼠等小型动物。

藻类和小型浮游动物。

磷虾主要以藻类和小型浮游动物为食。

老鼠吃虫子，同时又被蛇类捕食。

蚜虫以植物为食。

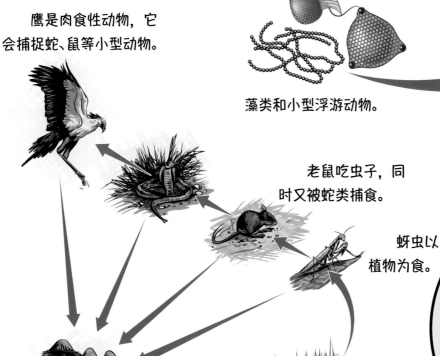

你知道吗？

大多数生物不是只吃一种食物，所以它可能隶属于好几个不同的食物链。一条食物链中一般不超过六个物种，但由食物链构成的食物网却包含成千上万个物种。

真菌和细菌主要以植物为食，但也会分解动物遗体等。

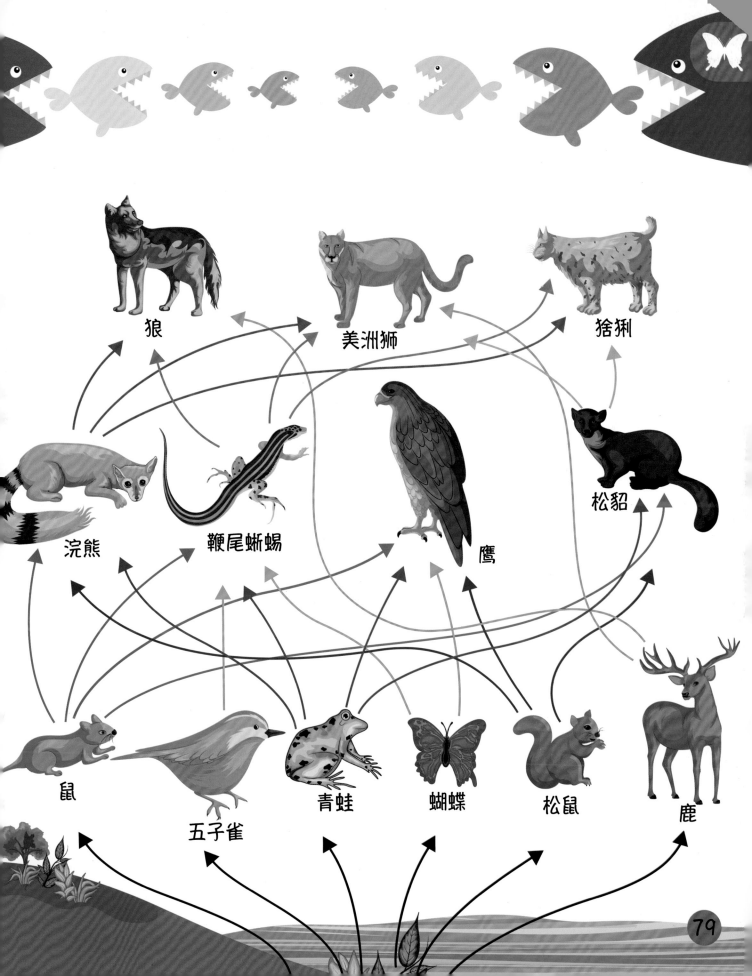

狼　　美洲狮　　猞猁

浣熊　　鞭尾蜥蜴　　鹰　　松貂

鼠　　青蛙　　蝴蝶　　松鼠　　鹿

五子雀

植物王国

植物是地球上生命的主要形态之一，现在地球上大约有35万种植物，包括树木、藤类、草类、蕨类等。

种子的旅行

种子从被播撒下，到随着时间的推移慢慢发芽、开花、结果，这是它的成长历程。

播种。

在水和阳光的帮助下，我从土里伸出了脑袋。我发芽啦！

长成一株幼苗。

慢慢地，我的茎越发挺拔，叶子也逐渐变多。

猜猜它们的种子在哪?

我现在长得又高又大。　　　　我开花啦！　　　　我结出果实啦！

植物的身体器官

植物有种子、根、茎、叶、花、果实六大器官，每个器官的功能都不一样。

根一般位于地表下面，是植物的营养器官。

茎与根相连，可以将根部吸收的营养物质和水分运输到植物的各营养器官。

叶中含有叶绿体，是植物进行光合作用的主要场所。

花具有繁殖功能，它的颜色和香味能够吸引昆虫完成授粉。

果实是传播种子的媒介，果实内含有的种子数量是不确定的，有的只有一个，有的则有很多。

种子一般是由胚、种皮和胚乳等组成的，它可以长成新的个体。

"害羞"的草

含羞草在受到外界刺激时，叶片会闭合下垂，人们认为这是它"害羞"了，所以称之为含羞草。

含羞草的花是小小的球形，多为白色、粉色。

但如果一直刺激叶子，会使它体内的细胞液流失，从而不再产生任何反应。

当叶子被触碰时，刺激会立即传到叶柄基部，引起叶片闭合。

86

含羞草也是一味中药，可以清热解毒，消积止咳。

你知道吗?

　　含羞草不宜在室内种植，因为它会对人体产生一定的危害。你能看出它和酸角的区别吗?

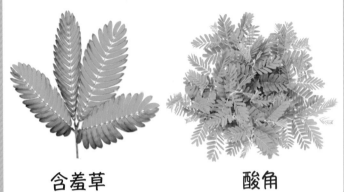

含羞草　　　　　　酸角

含羞草含有一定的毒性，不可单独服用。

我爱晒太阳

向日葵也被称为朝阳花，因为它的花总是朝向太阳。

向日葵盛放的
花朵酷似骄阳。

你知道吗?

向日葵并非一直都是朝向太阳的。从发芽到花盘盛开这一段时间确实是朝向太阳的，但花盘盛开后就固定朝向东方，不再跟随着太阳转动了。

向日葵的果实是葵花子，既可以成为我们喜爱的瓜子，也可以榨成食用葵花子油。

向日葵具有极高的药用价值，一身皆可入药。

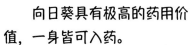

葵花子可以驱虫、止痢、润肤等。

茎叶可以清肝明目，治疗高血压。

花可以清热解毒，消肿止痛。

花盘具有清热化痰、凉血止血的功效，可以治疗哮喘、头痛等。

苔藓和蕨类植物

苔藓是一种只包含茎和叶两部分的植物，蕨类植物是一种比较古老的植物，喜欢生活在温暖潮湿的环境中。

白苔藓

壶藓科

蕨叶

蕨类植物的嫩芽是卷成球状的小叶子，随着不断成长，叶子才会逐渐舒展。

蕨叶有单叶的，也有复叶的。复叶还可以再分裂成双羽叶。

泥炭藓

复叶　　单叶　　双羽叶

铁角蕨

瘤蕨

松叶蕨

笔筒树

树蕨

鸟巢蕨

千奇百怪的多肉

多肉植物也被称为多浆植物，是一种根、茎、叶器官中至少有一个能够储备大量水分且肥厚的植物。

马齿苋

维多利亚女王龙舌兰

星球

大凤玉　　　　　五角鸾凤玉　　　　　星叶球

日轮玉

玉珠帘

凤梨

琉璃殿

青锁龙

乌羽玉

龟甲牡丹

墨麒麟

黑法师

93

会捕食的草

并不是所有的植物都只靠光合作用来获取能量，也有一些植物是肉食性的，它们通过捕捉昆虫来汲取养分。

猪笼草

猪笼草是一种热带肉食性植物。

猪笼草有一个独特的器官——捕虫笼。它长相似猪笼，呈圆筒形且下半部分较膨大。

猪笼草鲜艳的颜色和花蜜会吸引昆虫停留。

捕虫笼内壁比较光滑且里面充满雨水，昆虫进去后猪笼草会合上盖子，让昆虫溺死在里面。

捕蝇草的叶子上长
有许多规则的刺毛。

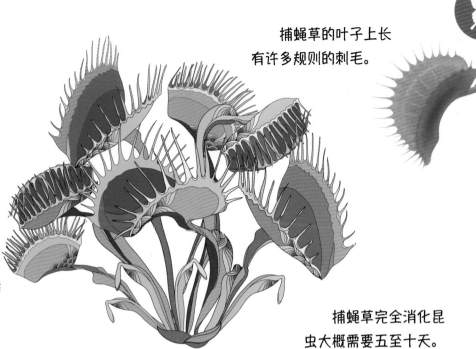

当有昆虫落入叶瓣中，
触碰到内部的绒毛，捕蝇草
就会立马闭合。

捕蝇草

　　捕蝇草是一种在叶的顶端
长有捕虫夹的食肉性植物。

捕蝇草完全消化昆
虫大概需要五至十天。

毛毡苔的叶片上有分
泌黏液的腺毛，昆虫落在
上面就会被粘住。

毛毡苔

　　毛毡苔也被称为毛膏
菜，是食虫植物中分布较
为广泛的一种。

昆虫被粘住后，毛毡苔的叶子会把它卷起来，分泌消化酶分解昆虫。

致命的草

有些植物虽然看着很美丽很吸引人，但其实它们身上的毒性更厉害。

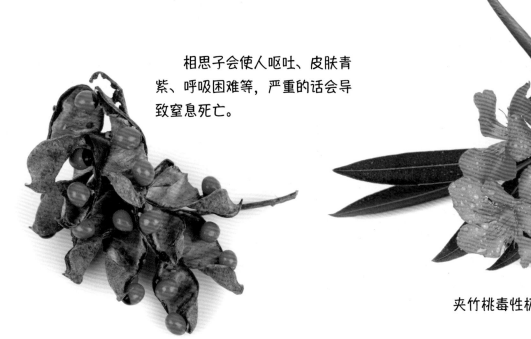

相思子会使人呕吐、皮肤青紫、呼吸困难等，严重的话会导致窒息死亡。

夹竹桃毒性极强，误食会致死。

石蒜也被称为曼珠沙华，为有毒植物。

水仙鳞茎中的汁液含有毒性。

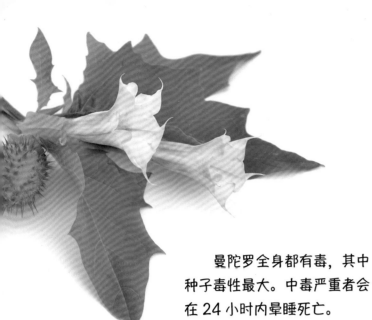

曼陀罗全身都有毒，其中种子毒性最大。中毒严重者会在24小时内晕睡死亡。

颠茄含有致命的毒素，如果吸入剂量达到一定程度，会影响中枢神经系统。

断肠草含有强烈的神经毒性，过量服用会导致抽搐、口吐白沫、痉挛、窒息等。

误食马蹄莲花会导致昏迷。

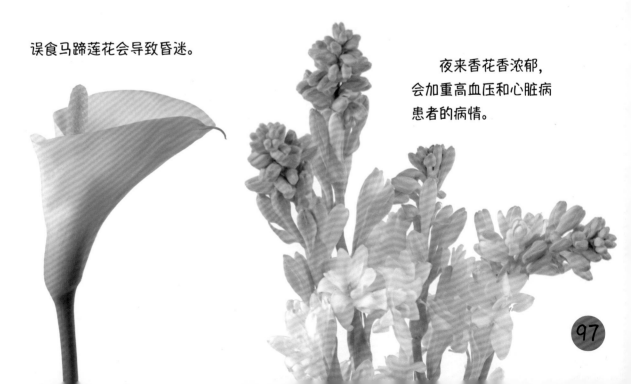

夜来香花香浓郁，会加重高血压和心脏病患者的病情。

常春藤

攀爬的藤蔓植物

藤蔓植物是指只能生长在地面上或者依附于其他物体生长的一种植物。

牵牛花

爬山虎

红萼苘麻

葡萄

紫藤

木香花

净化空气的植物

有些植物放在家中，不仅可以起到点缀作用，还能净化空气。

绿萝可以吸收甲醛，净化空气。

常春藤能够吸收室内的苯以及连吸尘器都不能吸到的灰尘。

薄荷能够祛除室内异味、杀菌和抗毒。

月季能够吸收苯、氯化氢等对人体有害的物质。

文竹可以清除卫生间的病毒和细菌。

富贵竹能够吸收二氧
化碳，释放氧气。

蝴蝶兰可以净化空
气，为室内添加芳香。

虎尾兰可以清除
粉尘和有害气体。

橡皮树被誉为
"绿色吸尘器"。

争奇斗艳的花

花卉形状多样，色彩艳丽。

樱花

非洲菊

芙蓉花

紫色桔梗花

栀子花

菊花

郁金香

睡莲

白牡丹

玉兰花

薰衣草

大丽花

梨花

兰花

杏花

大丁草花

奇异的植物

地球上有许多十分奇特的植物，让我们一起来认识一下吧！

旅人蕉

红树林是能在海水中生长的植物群落。

红树林

昙花

昙花有"月下美人"的名号，但从花开到花落仅有四个小时。

百岁兰

嘴唇花

非洲白鹭花

卷柏的根可以从土壤中
分离出来，蜷缩起来随风移
动到新的土壤中寻找水分。

卷柏

西番花

西番花的形状像齿轮。

巨魔芋

巨魔芋也被称
为尸臭花，它散发
的气味一般是腐肉
的味道。

药用植物

自然界中有许多药用植物，它们都是治病的高手。

人参

人参被誉为"百草之王"，可用于治疗身体虚弱、神经衰弱，并能调整血压等。

金银花

金银花是清热解毒的良药。

三七

三七具有消肿止痛、散瘀止血等功效。

甘草

甘草具有清热解毒、补脾益气、祛痰止咳等功效。

枸杞子

枸杞子具有明目、滋补等功效。

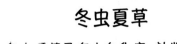

冬虫夏草

冬虫夏草具有止血化痰、补肾益肺的功效。

灵芝

灵芝具有滋补、健脑、消炎等功效。

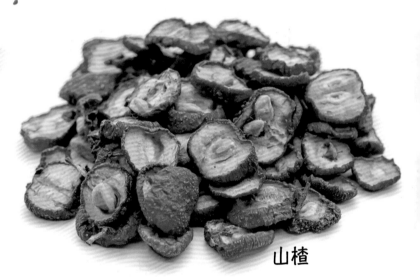

山楂

山楂可以健胃消食、散瘀化浊。

金盏花

金盏花具有消炎抗菌的
作用，也能降血脂。

植物之最

在地球上现存的植物物种中，有一些植物特点十分突出，堪称世界之最。

最甜的树：糖槭

最能储水的植物：瓶子树

世界第一大花：大王花

体积最大的树：雪曼将军树

叶片最大的水生植物：王莲

树冠最大的树：孟加拉榕树

最高的树：澳洲杏仁桉树

最古老的种子植物：银杏树

水里的植物

　　水里的植物与陆地上的植物一样，都需要阳光才能生存。它们会从海水中吸收养料，在光合作用下满足自身的生长需要。

海菜

马尾藻

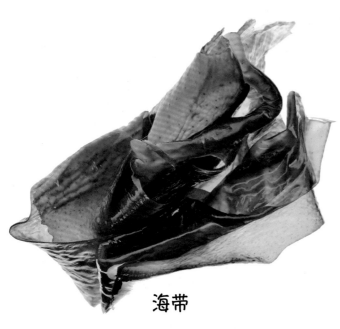

海带

巨藻最长可达 500 多米。

巨藻

褐藻

绿藻

红藻

红树

树叶的形状

地球上有许多不同种类的树木，它们的树叶形状也是不一的，有呈椭圆形的，有呈心形的，有呈五角形的……

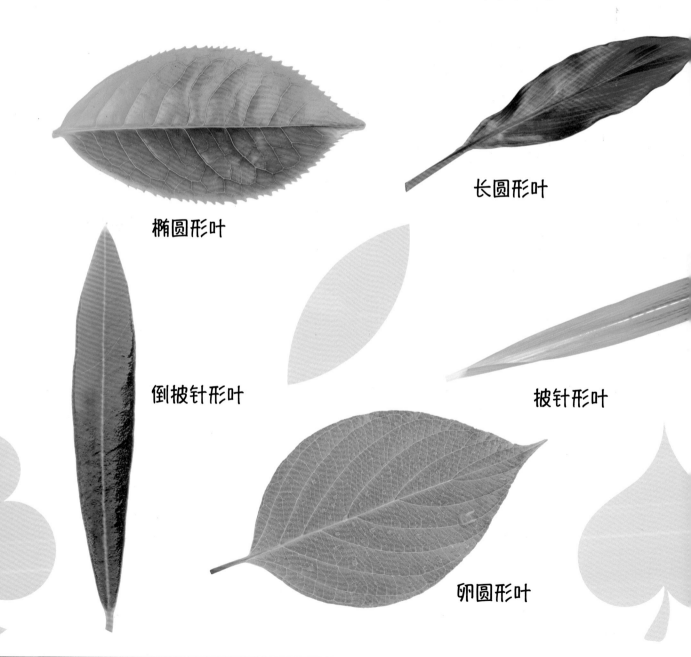

椭圆形叶

长圆形叶

倒披针形叶

披针形叶

卵圆形叶

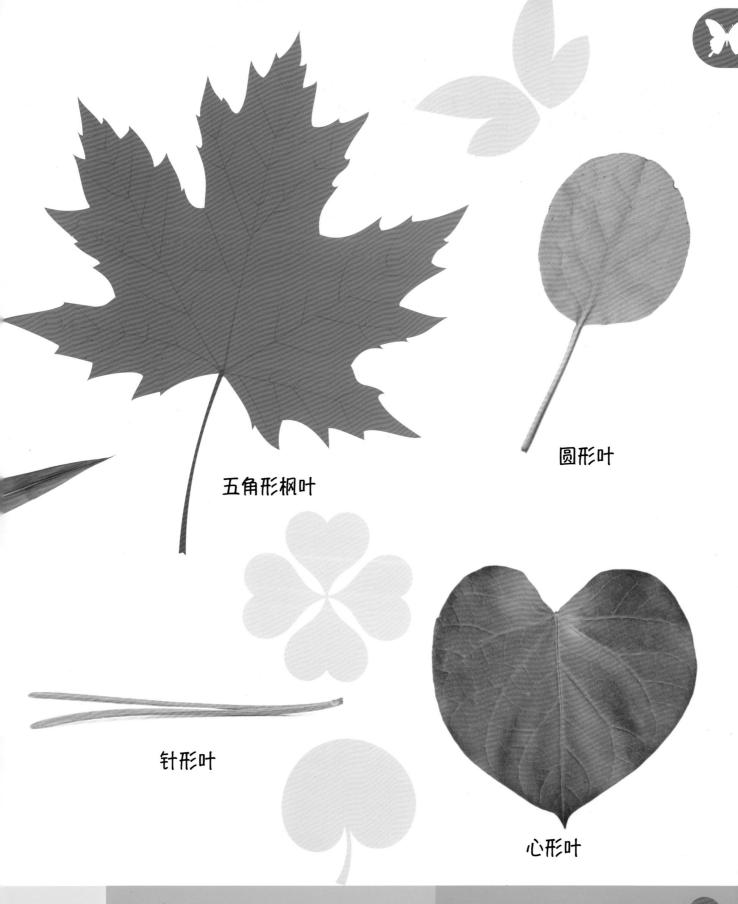

五角形枫叶

圆形叶

针形叶

心形叶

珍贵的树

树木不仅可以作为绿化、观赏的植物，它还是珍贵的药材和木材。

红豆杉在地球上有 250 多万年的历史，是一种抗癌植物。

罗汉松

南洋杉

红豆杉

珙桐

珙桐是 1000 万年前的孑遗植物，也是中国特有的一种单属植物。

水杉

银杏树又称为白果树，有植物中的"熊猫"和"活化石"之称。

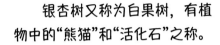

银杏树

白桦树是俄罗斯的国树。

白桦树

红椿

苏铁

苏铁也被称为铁树，是一种极其难开花的树木。

有多少种菇

菇是伞状的菌类，有的不仅可以食用，还能作为药材。

茶树菇

杏鲍菇

杏鲍菇具有很好的促进消化和吸收的功效。

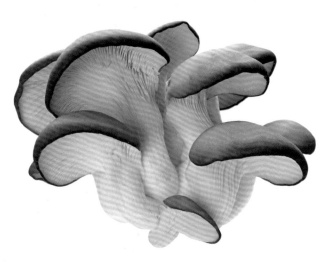

平菇

金针菇

猴头菇

猴头菇可以抗肿瘤、抗氧化、抗衰老和降血糖。

双孢蘑菇

草菇

牛肝菌

香菇

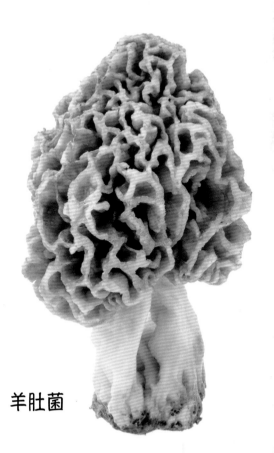

羊肚菌

奇异的水果

这些水果你都认识吗？

西柚

百香果

火龙果

黄桃

杨桃

石榴

番荔枝

山竹

木瓜

车厘子

牛油果

覆盆子

番石榴

荔枝

蓝莓

无花果

杧果

蔬菜

　　蔬菜的种类十分繁多，它们的功效和营养价值也有所不同。

蔬菜的美容作用

莴笋具有抗衰老、
收敛毛孔等美容功效。

黄瓜可以美白、保湿、消炎。

胡萝卜具有美白、镇静
舒缓和抗氧化等功效。

西红柿富含维C，可以美白肌
肤、减缓衰老。

土豆具有美白肌肤、润肠
通便的功效。

蔬菜的瘦身作用

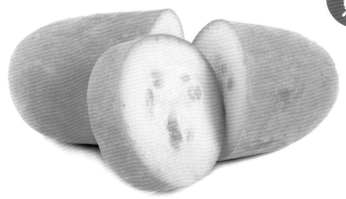

冬瓜可以防止脂肪
堆积，清热利尿。

菠菜能够促进血液
循环，排毒瘦身。

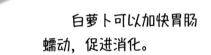

白萝卜可以加快胃肠
蠕动，促进消化。

蔬菜的药用价值

南瓜是补血的佳品。

莲藕可以清热去火，补气
益血，增强人体的免疫力。

天气预报员

我们不仅可以通过天气预报来知道天气情况，还能通过观察植物的变化来了解天气的变化。

青苔

在大雨来临前，河里的青苔会浮出水面。

三色堇

三色堇对温度的变化十分敏感，会随温度的变化而改变叶子的方向。

紫茉莉

紫茉莉通常傍晚开花，早上凋谢。如果天刚亮就凋谢说明是晴天，如果凋谢的时间晚就预示是阴天。

南瓜藤

如果夏天早晨南瓜藤顶端普遍朝上，就预示天气将由晴转雨。

白茅

在夏季，如果白茅的叶柄处冒出水沫，说明第二天有可能下雨。

油桐子

若油桐子的花蕾为红色，则预示当年会干旱；若花蕾为白色，则预示夏天雨水多。

韭莲也被称作风雨花，每当大雨来临时，都会开出大量的花朵。

韭莲

动物知多少

　　地球上的动物数不胜数，它们几乎生活在地球上的各个角落。动物种类多样、颜色斑斓，让地球更加生机勃勃。

不同的蛋

世界上有许多动物是从蛋中孵化出来的，蛋的种类、大小、颜色等是不同的。

鸡蛋

龟蛋

鹌鹑蛋

画眉鸟蛋

海雀蛋

白秃鹫蛋

麻雀蛋

126

湿地苇莺蛋

鸸鹋蛋

鹅蛋

鸭蛋

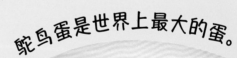

驼鸟蛋是世界上最大的蛋。

王企鹅蛋

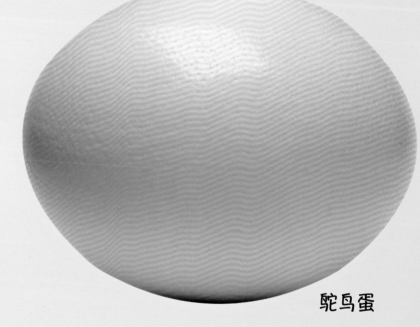

驼鸟蛋

谁住在壳里

地球上有许多身体带壳的动物，壳不仅可以是它们的住所，有的更是它们保护自身的铠甲。

寄居蟹

乌龟

鲎

我每天都背着我的小房子爬行。

蜗牛

甲鱼

帝王蟹

穿山甲

牡蛎

犰狳身体表层的甲
可以帮助它御敌。

清洁虾

犰狳

猜猜我在哪

有些动物可以和周围的环境融为一体，让别的动物找不到它的踪迹。

枯叶蛱蝶

黑指纹海兔

我可以随意改变我的颜色和形状，是自然界中顶级的伪装高手。

拟态章鱼

侏膨蝰

白天我会把身体埋在沙子中，只露出眼睛。

竹节虫

你能分得清我和叶子吗？

枯叶螳螂

叶蛙

樽海鞘

我的身体透明，这可以帮助我在水中隐藏自己。

南叶尾壁虎

变色龙

幼虫慢慢长大，几天后就会从卵中出来。

毛毛虫会吃卵壳和树叶来补充营养，迅速长大。

毛毛虫会不断吐丝结茧，变成一个蛹。

蝴蝶把卵产在树叶上。

毛毛虫变蝴蝶

蝴蝶并不是生下来就是既漂亮又会飞的，它是由毛毛虫蜕变而来的。那毛毛虫到底是怎样变成蝴蝶的呢？

黑脉金斑蝶

经过不断地努力，终
于从蛹里钻出来，变成了
一只美丽的蝴蝶。

你知道吗？
蛾类和蝴蝶的主要区
别是蛾的触角形状比较多
样，而蝴蝶的头部有一对
锤状或棒状的触角。

蓝闪蝶

小蝌蚪变青蛙

青蛙的幼体是蝌蚪，不过蝌蚪与青蛙的长相有很大的不同，从蝌蚪到青蛙需要经历一番成长变化。

青蛙

最后幼蛙变成了青蛙，可以捕捉害虫了。

蝌蚪慢慢长大，变成了幼蛙，它们都有一条尾巴。

箭毒蛙

红眼树蛙

雌蛙在水里产
下大量的蛙卵。

青蛙？蟾蜍？
青蛙的皮肤比较光
滑湿润，蟾蜍的皮肤比
较干燥，而且表面是
凹凸不平的。

小蝌蚪慢慢地从卵中
孵化出来，拖着长尾巴在
水中生活。

蟾蜍

恐龙的世界

恐龙是一种生活在中生代的爬行动物，比人类的诞生要早数百万年。

你知道吗？
恐龙的英文名是 Dinosaur，
意思是"恐怖的蜥蜴"。

霸王龙

三角龙

我是恐龙王国中个子
最高的。

腕龙

双脊龙

异特龙

甲龙

剑龙

我是食草的恐龙。

霸王龙骨架

爬行动物

爬行动物是通过爬来行动的动物，它们的体温不恒定。

短吻鳄

我的尾巴断了之后还能再长出来。

壁虎

变色龙

我虽然没有脚，但可以依靠鳞片爬行。

蛇

绿鬣蜥

斗篷蜥

乌龟

蓝尾石龙子

爬行动物不只生活在陆地上，有的也生活在水中。

暹罗鳄

有袋类动物

地球上大约生存着 240 种有袋类动物，其中澳大利亚及其附近的岛屿就生活了 170 多种。

你也可以叫我考拉，我是澳大利亚的国宝。

袋獾

树袋熊

多丽树袋鼠

袋狼是一种体形像狗、头部像狼，且能像袋鼠一样用后腿行走跳跃的有袋动物。

北美负鼠

袋狼

红袋鼠

灰袋鼠

袋熊

昆虫王国

昆虫的种类和数量繁多，几乎分布在世界的每一个角落。

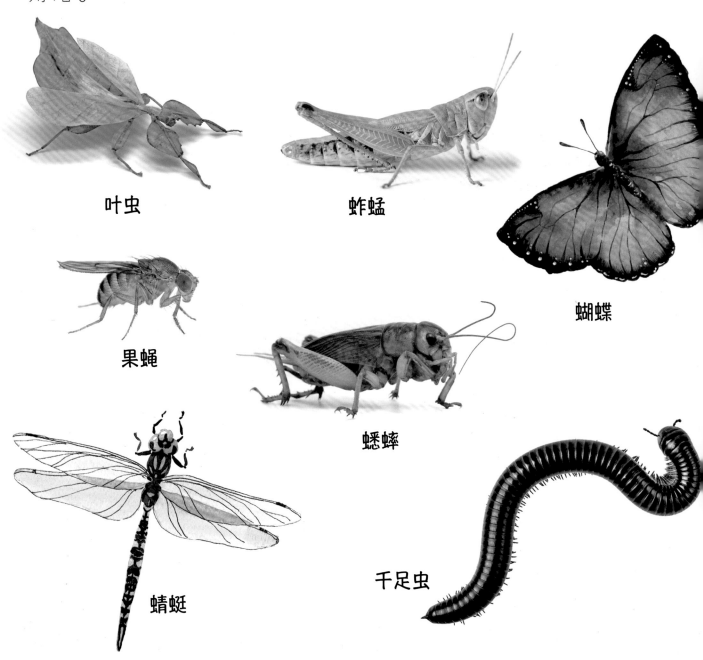

叶虫

蚱蜢

蝴蝶

果蝇

蟋蟀

蜻蜓

千足虫

苍蝇

蝽象的俗称是"臭大姐"，是一种能够分泌臭液的昆虫。

蝽象

蜜蜂

桔褐天牛是一种能破坏植物的害虫，但它也可以作为一味药材。

桔褐天牛

金龟子

蜱虫

七星瓢虫

棘皮动物大集合

棘皮动物在海洋动物中是比较常见的，像海星、海参、海胆等都属于棘皮动物，它们形状不一，色彩多样。

攀附在礁石上的海星

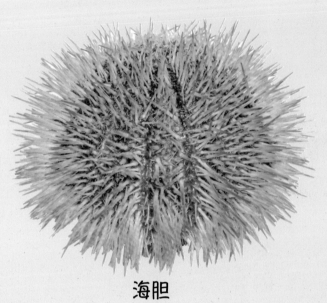

海胆

我是一种可以自由移动的海百合。

黑海胆　海羽星

海蛇尾

棘皮动物大多为底栖
生活，有的可以缓慢移动，
有的则固定在其他物体上。

海星

海百合

棘冠海星　海参

冬眠时间到

冬季气温较低，有些动物就躲起来度过这漫长而又寒冷的冬季。

为了在冬天节省能量，我会进入蛰伏状态。

蜂鸟

蛇

冬天我会钻进泥土里，把自己埋起来。

青蛙

刺猬

蜥蜴

蝙蝠

我在冬天容易觉醒，是半冬眠动物。

我会提前准备好许多松果过冬。

松鼠

臭鼬

夜行动物

夜行性动物是白天休息，晚上进行捕猎、繁衍等活动的动物，它们是当之无愧的"夜猫子"。

雕鸮

蚯蚓

我在夜晚可以发光。

萤火虫

蛞蝓

人们习惯叫我猫头鹰。

鸱鸮

夜鹰

夜鹭

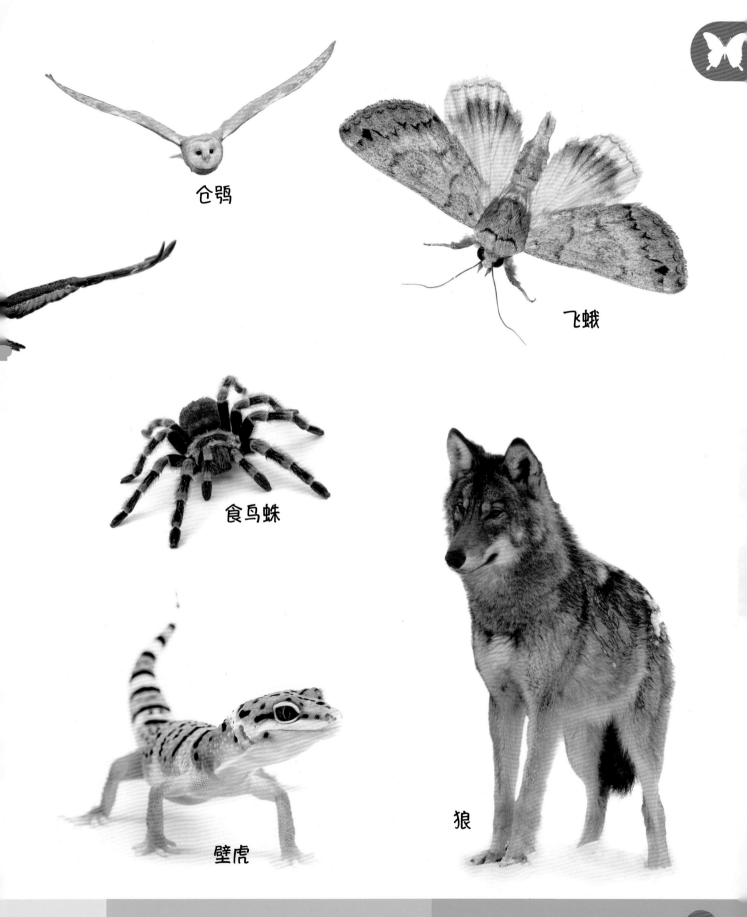

仓鸮

飞蛾

食鸟蛛

壁虎

狼

生活在地下的动物

有些动物喜欢在地下生活，它们会在地下为自己挖适宜躲藏和居住的洞穴。

鼹鼠

田鼠

我挖洞非常快，几分钟内就可以从地面上消失。

我们喜欢群居生活，挖的洞既深又复杂。

土豚

旱獭

犰狳

袋熊

獾

小林姬鼠

兔子

海洋哺乳动物

　　海洋哺乳动物是由陆地哺乳动物进化而来的，它们也是胎生哺乳且体温恒定。不过它们用肺呼吸，前肢进化为鳍状。

亚马孙河豚

新西兰海狗

剑吻鲸

海氏矮海豚

我主要生活在南半球的冷水水域之中。

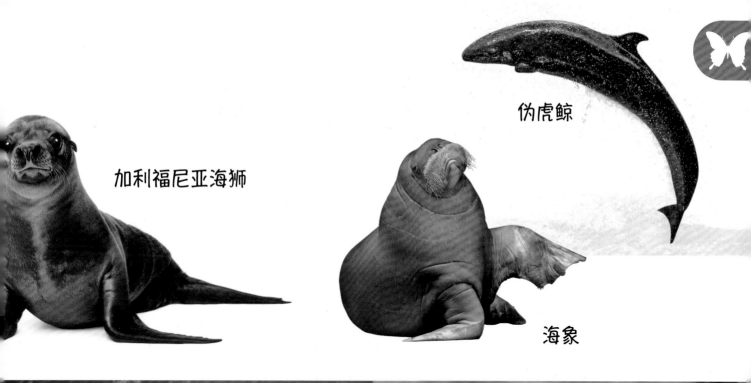

伪虎鲸

加利福尼亚海狮

海象

白鲸

象海豹

儒艮

我就是传说中的"美人鱼"。

153

美丽的鸟

鸟类是卵生、恒温的动物，它们身上有羽毛，适应飞翔生活。

啄木鸟

极乐鸟

白眉蓝姬鹟

火烈鸟

澳大利亚鹈鹕

蓝脚鲣鸟

我的脚掌是蓝色的。

阔嘴蜂鸟

秃鹰

我是世界上最大的一种鸟类。

鹦鹉

巨嘴鸟

鸵鸟

蓝山雀

栗喉蜂虎

猫科动物

猫科动物有很多种，不仅包括我们家中养的小猫咪，也有像狮子、猎豹这类的大型猫科动物。

英国短毛猫

暹罗猫是一种善解人意、对主人忠心的宠物猫。

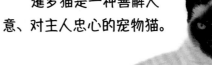

暹罗猫

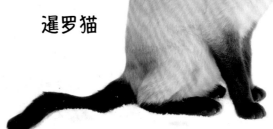

猎豹

猎豹是陆地上跑得最快的动物。

黑豹

老虎

我可以生活在贫瘠的山地和寒冷的环境中。

兔狲

狮子

美洲豹

速度大比拼

动物在海洋中游行的速度到底有多快呢？最慢的又是谁呢？我们一起来看一下吧！

灰鲭鲨（可以超过 96 千米／小时）

章鱼（48 千米／时）

梭鱼（76 千米／时）

飞鱼（56 千米／时）

蓝枪鱼（109 千米／小时）

虎鲸（48 千米／时）

洪堡企鹅（60 千米／时）

巨头鲸（77 千米／时）

海马（行动迟缓）

乌贼

海豚

乌贼平常多做缓慢的波浪式运动，一旦遇到敌人，就会以 15 米／秒的速度逃离。

海豚大脑的两个半球可以交替工作，所以它能没日没夜地一直游泳。

159

聪明的灵长类动物

灵长类动物是世界上最高等的哺乳动物，我们人类也属于灵长类动物。

眼镜猴

眼镜猴是世界上已知的最小的猴类。

吼猴

卷尾猴

金刚猩猩

我们是地球上现存最强壮的灵长类动物。

黑叶猴

非洲狒狒

环尾狐猴

长毛蛛猴

我们是最聪明的灵长类动物。

白腹长尾猴

色彩斑斓的动物

有的动物颜色是单一的，有的动物是多彩的，它们一起构成了色彩斑斓的动物世界。

金刚鹦鹉

孔雀蝴蝶

宽边黄粉蝶

非洲宝石鱼

白鹦鹉

变色龙

因为我长得像铁饼，所以大家都叫我铁饼鱼，不过你也可以叫我"七彩神仙"。

铁饼鱼

罗汉鱼

狐狸

孔雀

梅花鹿

蟹蛛

树袋熊

红腹锦鸡

我的毒性很强，大家
要小心！

箭毒蛙

长颈鹿

像植物的海洋动物

海洋中不仅生活着植物，还有长得与植物相像的动物。

拳头海葵

公主海葵

海百合

叶海龙

樱花海葵

珊瑚

圣诞树蠕虫

惹人喜爱的宠物

有许多动物是十分可爱和善解人意的，它们成为人类喜爱的宠物。

澳大利亚牧羊犬

仓鼠

我很聪明，也很善解人意。

金丝雀

拉布拉多犬

茶杯猪

哈士奇

你也可以喊我"二哈"，我可以每天逗你开心。

我可以学你说话，给你解闷哦！

茶杯犬

鹦鹉

博美犬

我又白又可爱，爱吃萝卜和青菜。

白兔

虎斑猫

凶猛的鲨鱼

鲨鱼出现在地球上的时间比恐龙还要早约三亿年，它是一种中大型海洋鱼类，有"海上霸王"之称。

我也被叫作"噬人鲨"，是海洋中的杀手。

大白鲨

虎鲨

姥鲨

双髻鲨

柠檬鲨

我是世界上最大的
鲨鱼。

铰口鲨

鲸鲨

濒临灭绝的动物

由于自然环境的变化以及人们过度捕猎等因素，许多动物濒临灭绝。

鲸头鹳

丹顶鹤

大熊猫是中国的国宝。

麋鹿

大熊猫

玳瑁

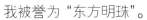
我被誉为"东方明珠"。

朱鹮

金丝猴

绿孔雀

中华白海豚

杨子鳄是中国特有的一种鳄鱼。

我有"水上大熊猫"之称。

杨子鳄

171

图书在版编目（CIP）数据

自然那些重要的事 / 蒋庆利主编 . -- 长春 : 吉林
出版集团股份有限公司 , 2020.10（2023.3 重印）
　　ISBN 978-7-5581-9210-4

　　Ⅰ . ①自… Ⅱ . ①蒋… Ⅲ . ①自然科学—儿童读物
Ⅳ . ① N49

中国版本图书馆 CIP 数据核字（2020）第 186059 号

ZIRAN NAXIE ZHONGYAO DE SHI

自然那些重要的事

主　　编：蒋庆利
责任编辑：朱万军　田　璐　张婷婷
封面设计：宋海峰
出　　版：吉林出版集团股份有限公司
发　　行：吉林出版集团青少年书刊发行有限公司
地　　址：吉林省长春市福祉大街 5788 号
邮政编码：130118
电　　话：0431-81629808
印　　刷：唐山玺鸣印务有限公司
版　　次：2020 年 10 月第 1 版
印　　次：2023 年 3 月第 3 次印刷
开　　本：889mm×1194mm　1/16
印　　张：11
字　　数：138 千字
书　　号：ISBN 978-7-5581-9210-4
定　　价：128.00 元